ـــروع إحياء التراث العربي في المهجر

شخصيات إسلامية

أبو بكر
الرازي

د. حسن يحيى

Shakhsiyyat Islamiyyah
Abu Bakr al Razi

Dr. Hasan Yahya

من إنتاج الموسوعة العربية الأمريكية - الولايات المتحدة

مشروع إحياء التراث العربي - شخصيات إسلامية - 4

Shakhsiyyat Islamiyyah
Abu Bakr al Razi

ISBN-13: 978-1499632798
ISBN-10: 1499632797

Manufactured in the U.S, GB and EU

المحتوى Content

بِسۡمِ ٱللَّهِ ٱلرَّحۡمَٰنِ ٱلرَّحِيمِ

تقديم السلسلة

تنهض الأمم بأدبائها وعلمائها ، هكذا يقول المثل في تاريخ الحضارات . ومن العملاء الفلاسفة والمبدعين في شتى مجالات الآداب والعلوم .. وفي التراث العربي الإسلامي عدد كبير من هؤلاء العلماء والفلاسفة والأدباء الذي أثروا خزينة التراث وأثروا في الأجيال التي تلت عصرهم ، ووقفوا كالعمالقة سيرة وعملا وتحصيلا ، ونحن في هذا المجال ما زلنا نتبع خطواتهم التي تنير لنا الطريق في شتى مجالات العلم والمعرفة .

وفي هذه السلسلة التي نحن بصدد تقديمها للأطفال ضمن مشروع إحياء التراث العربي في المهجر نقدم واحدا من العلماء العرب أو المسلمين الذين اشتهروا بعلمهم وحكمتهم في الأدب والأخلاق والعلوم العقلية والزهد والتصوف ، أو العلماء الذين أرسوا قواعد العلوم الطبيعية كالطب والهندسة والكيمياء والعلوم الإنسانية كالفلسفة والشعر والإبداع الفكري.
ونبدأ هذه السلسلة بالعالم الموسوعي الذي شاع اسمه بين العلماء في الكيمياء والطب والرياضيات والأدب. هذا

المفكر العربي المسلم هو أبو بكر الرازي (محمد بن زكريا).
وكان أحد رواد البحث التجريبى فى مجال الطب.

وقد تم اختيار هذا الكتاب بهدف تقديم المعرفة لأبناء
المهاجرين من الجيلين الثاني والثالث باللغة العربية الذي
توكلت به الموسوعة العربية الأمريكية ضمن مشروع
إحياء التراث العربي في المهجر ، وكلا المشروعين
أسسهما الأديب العربي الفلسطيني الدكتور حسن يحيى
لنشر الثقافة العربية في المهاجر .
ونسأل الله تعالى الهداية فيما نقدم وننشر للعرب المهاجرين
وأبنائهم وذويهم الذين كتبت عليهم العيش في بلاد
الاغتراب بعيدا عن بلادهم الأصلية . ونرجوه تعالى أن
تكون هذه السلسة بداية لتقديم شتى فروع العلم للأطفال
العرب في بلاد المهاجر بسهولة ويسر ، وأن تكون أعمالنا
حسنة القبول عندهم ، أنه سميع مجيب الدعوات، عليه
نتوكل وإليه ننيب.

د. حسن يحيى
مؤسس الموسوعة العربية الأمريكية ومشروع إحياء التراث
العربي في المهجر.
ميشيغان – الولايات المتحدة
مايو – أيار 2014

شخصيات إسلامية

أبو بكر
الرازي

ولد "أبو بكر الرازى" نحو سنة (250هـ =
864م) بمدينة "الرى" بإيران حاليًّا، وبدأ فى
طلب العلم فى سن مبكرة فدرس الرياضيات
والفلك والكيمياء، والمنطق، وعرف منذ
صغره بالذكاء والنبوغ والتفوق، فكان يحفظ
كل ما يقرؤه أو يسمعه بسرعة مذهلة !!
و لما بلغ الثلاثين من عمره رحل إلى مدينة
"بغداد" عاصمة العلوم والثقافة حينئذٍ، فدرس
الكيمياء، والفلسفة، لكنه اهتم كثيرًا بدراسة
الطب، وكان أستاذه في هذا المجال الطبيب
"أبو الحسن على بن سهل الطبري"، وظل
"الرازى" فى "بغداد" ينهل العلم من نبعه
الصافى ومورده العذب حتى عاد إلى بلده مرة
ثانية فأسند إليه رئاسة "بيمارستان"
(مستشفى) مدينة "الري"، ولم تمر على
"الرازى" فى هذا المنصب الكبير فترة طويلة

حتى بلغت شهرته الآفاق، فاستدعاه الخليفة العباسى "عضد الدولة بن بويه" إلى "بغداد"، وأسند إليه رئاسة "البيمارستان العضدى" فأداره بمهارة واقتدار .

ومضت الأيام والسنون، وأصبح "الرازى" شيخًا للأطباء فى زمانه، كما أتقن علم الكيمياء، وتفوق في الجانب التطبيقى لهذا العلم حتى أصبح من أبرز الصيادلة المسلمين على الإطلاق.

وبصفة عامة فإن "أبو بكر الرازي" عالم موسوعى من طراز فريد، يعد من أعظم أطباء الحضارة الإسلامية، وطبيب الدولة العربية الأول، وأحد مؤسسى علم الكيمياء الحديثة، برز في جميع فروع العلوم، وقدم للبشرية مؤلفات عظيمة فى الطب، والكيمياء والرياضيات، والأدب ... وغيرها، وقد ظلت مؤلفاته- خاصة في مجال الطب- مرجعًا أساسيًّا للأساتذة والدارسين على مدى قرون عديدة !!

إنجازات وإبداعات
أبو بكر الرازي

يعد "أبو بكر الرازى" من أعظم الرواد الأوائل الذين قدموا للبشرية خدمات عظيمة النفع خاصة فى مجالات: الطب، والكيمياء، والصيدلة، والفيزياء ما زالت آثارها الجليلة باقية حتى اليوم.

مجال الطب والصيدلة

كان "أبو بكر الرازى" أول من فرق بين "الجدرى" و"الحصبة"، وقدم وصفًا دقيقًا لهذين المرضين، وأعراض كل منهما .

- وكان أول من ابتكر خيوط الجراحة .

- وأول من صنع مراهم الزئبق .

- وأول من أدخل التركيبات الكيميائية فى الطب.

- وأول من جرب الزئبق وأملاحه على القرود ليدرس مفعوله فى أجسامها، وهو بذلك يعد من رواد البحث التجريبى فى مجال الطب إذ كان يقوم بعمل تجاربه عن الأدوية على الحيوانات أولاً، ثم يلاحظ تأثيرها فيها، فإذا عالج المرض طبقه على الإنسان .

وأول من ابتكر وضع الفتيلة المعقمة فى الجروح، وتغييرها من يوم إلى يوم .

- وكان من أوائل الأطباء الذين اهتموا بالعدوى الوراثية، حيث أرجع بعض الأمراض إلى الوراثة.

كما نادى "أبو بكر الرازى" أن يكون الطب أولاً لوقاية الناس من الأمراض، قبل أن يكون سبيلاً للبحث عن الشفاء والعلاج.

- وقد اعتمد "الرازى" عدة وسائل فى مجال علم الطب "الإكلينيكى" (أي السريرى)؛ ذلك العلم الذى يهتم بمراقبة حالة المريض فى سريره، وتسجيل ما يحدث له من أعراض أوتغيرات فى سبيل التوصل إلى تشخيص المريض تشخيصا صحيحاً، ومن الوسائل التى اعتمدها "الرازى" : مراقبة ما يحدث من أعراض للجلد والعينين، ومراقبة النفس، والحرارة، وجس النبض، وفحص البول .

- وابتكر طريقة فريدة فى اختيار أفضل المواقع لإنشاء "البيمارستانات" فكانت محل إعجاب وتقدير من الأطباء حتى يومنا هذا، وتتلخص هذه الطريقة فى وضع بعض قطع اللحم فى أماكن متفرقة مع ملاحظة سرعة انتشار التعفن فيها، وبطبيعة الحال تكون أنسب الأماكن من حيث نقاء الجو واعتداله هى أقلها فاعلية فى انتشار التعفن فى اللحم.

مجال الكيمياء

يعتبر العلماء "أبا بكر الرازى" مؤسس علم الكيمياء الحديثة، ويظهر فضله فى هذا العلم بصورة واضحة عندما عمد إلى تقسيم المواد المعروفة إلى أربعة أقسام هى:

المواد المعدنية، والمواد النباتية، والمواد الحيوانية، والمواد المشتقة، كما قسم المعادن إلى ست طوائف بحسب طبائعها وصفاتها .

- وكان "أبو بكر الرازى" أول من ذكر حامض "الكبريتيك"، وأطلق عليه اسم زيت الزاج أو الزاج الأخضر، كما حضر فى معمله بعض الحوامض الأخرى، وما زالت الطرق التى سلكها فى سبيل تحضيرها مستخدمة حتى الآن .

- وهو أول من استخلص "الكحول" بتقطير مواد نشوية وسكرية مختمرة .

- وأول من ميز بين "الصودا" و"البوتاس"، وقام بتحضير بعض السوائل السامة من "روح الخل" .

- وكان من أوائل العلماء الذين طبقوا الكيمياء فى الطب، وأثر الأدوية في إثارة التفاعلات الكيميائية داخل جسم المريض .

مجال الفيزياء

انشغل "الرازى" بتحديد الكثافات النوعية للسوائل، وصنف لقياسها ميزانًا خاصًّا أطلق عليه اسم "الميزان الطبيعى"، ويرجع إليه الفضل في تقدير الكثافة النوعية لعدد من السوائل بواسطة هذا الميزان .

كما يعد من أوائل العلماء الذين انتقدوا نظرية "إقليدس" القائلة بأن الإبصار يحدث نتيجة خروج شعاع من العين إلى الجسم المرئى، وقرر أن الإبصار يحدث نتيجة خروج شعاع ضوئى من الجسم المرئى إلى العين .

من أقواله المأثورة

"إذا كان في استطاعتك أن تعالج بالغذاء فابتعد عن الأدوية، وإذا أمكنك أن تعالج بعقار فاجتنب الأدوية المركبة".

وله كطبيب اهتم بالعوامل النفسية فى علاج المرضى ، لأنه كان يوصى تلامذته بأن يوهموا مرضاهم دائمًا بالصحة والشفاء فكان يقول :

"ينبغي للطبيب أن يوهم المريض أبدًا بالصحة، ويرجيه بها، وإن كان غير واثق بذلك، فخراج الجسم تابع لأخلاق النفس" .

أشهر مؤلفات
أبو بكر الرازى

قضى "أبو بكر الرازى" معظم حياته بين القراءة، والتأليف، وإجراء التجارب حتى قيل إنه فقد بصره في أواخر أيامه من كثرة القراءة والكتابة، ومن كثرة إجراء التجارب الكيميائية فى معمله، وقد صنف "الرازى" ثروة علمية هائلة فى شتى صنوف المعرفة .

وقد أحصى له بعض الباحثين منها نحو (148) مؤلفًا ما بين كتاب ورسالة، وذكر البعض الآخر أن مؤلفاته بلغت نحو (220) مؤلفًا، وقد لقيت بعض كتبه ـخاصة الطبيةـ رواجًا كبيرًا، ونالت شهرة عظيمة، وترجم العديد منها إلى عدة لغات، واعتمدت جامعات أوروبا على كثير منها فى التدريس، بل ظل بعضها المرجع الأول فى الطب حتى القرن (17) الميلادى.

- وله كتاب "الحاوى"، وهو من أكبر مؤلفات "الرازى"، وأعظمها شأنًا، وقد أمضى فى تأليفه نحو (15) عامًا، وتتضح فى هذا المؤلف الضخم مهارة "الرازى" فى الطب، وتتجلى دقة ملاحظاته، وغزارة علمه، وقوة استنتاجه .

- وكتاب "الجدرى والحصبة"، وكتاب "المنصورى في الطب"، و"الفاخر فى الطب"، و"من لا يحضره طبيب"، و"الحصى فى الكلى والمثانة"، و"منافع الأغذية"، و"سر الأسرار"، و"شروط النظر"، و"علة جذب حجر المغناطيس للحديد" .. وغيرها .

وقد توفى العالم الطبيب "أبو بكر الرازى" فى عام (313هـ = 925م) بعد أن تجاوز الستين من عمره بقليل. أي قبل أحد عشر قرنا . وكانت الحضارة العربية في أوج عزتها وكمالها.

حول شخصية العالم
أبو بكر الرازي

كان "أبو بكر الرازى" رجلاً رقيقًا، كريمًا، سخيًّا، بارًّا بأهله وأصدقائه ومعارفه، عطوفًا على الفقراء والمحتاجين يعالجهم دون أجر، ويتصدق عليهم من ماله الخاص فقد كان ثريًّا واسع الثراء، كما كان يجتهد في علاجهم بكل ما أعطاه الله من علم، وقد كان "الرازى" يراعى تعاليم الإسلام وحرمة جسم الإنسان فى بحوثه وتجاربه , فكان يقوم بعمليات التشريح وتجريب الأدوية على الحيوان أولاً قبل أن يوصفها للإنسان، لكنه كان۔ مع ذلك۔ رفيقًا بالحيوان أيضًا، فقد وصف كثيرًا من الأدوية التي تعالج كثيرًا من الأمراض التي تصيب الحيوانات.

ويمكن تلخيص تاريخ "الرازى" في سطور :

- ولد "أبو بكر محمد بن زكريا الرازى" نحو سنة (250هـ = 864م) بمدينة "الري" بإيران .
- بدأ في طلب العلم في سن مبكرة فدرس الرياضيات، والفلك، والكيمياء، والمنطق وغيرها...
- رحل إلى "بغداد" فى سن الثلاثين من عمره، ودرس الطب على يد الطبيب المشهور "أبو الحسن على بن سهل الطبري" .
- عاد إلى بلده وأسند إليه رئاسة "بيمارستان الرى" .
- استدعاه الخليفة العباسى "عضد الدولة بن بويه" إلى "بغداد"، وأسند إليه رئاسة البيمارستان العضدى .
- أصبح شيخًا للأطباء فى زمانه، وألف كتبًا عظيمة فى مجالات الطب والكيمياء والفيزياء والصيدلة كان لها صدى عظيم وفائدة كبيرة فى العالم أجمع .
- أصيب بالعمى فى أواخر أيامه .
- توفى العالم الطبيب "أبو بكر الرازى" فى نحو عام (313هـ = 925م) بعد أن تجاوز الستين من عمره بقليل .

21

أسئلة للمناقشة حول
أبو بكر الرازي

1. أين ولد العالم أبوبكر الرازي ومتى؟
الجواب:

....

2. ما مجالات العلم التي نبغ وألف فيها؟
الجواب :

....

....

3. ما أهم كتاب ألفه أبو بكر الرازي في الطب؟
الجواب :

....

....

4. من تعرف من ظهر من العلماء العرب المسلمين في عصر أبو بكر الرازي ؟ أذكر اثنين فقط.

الجواب :

أولا ....

ثانيا: ....

5. ماذا أعجبك في سيرة حياة العالم الكبير؟ مثلا : عمله ، تجاربه ، مواضيعه ، وهكذا .

....

....

....

6. ماذا تحب أكثر من المواضيع العلمية ؟ مثل: الرياضيات ، أو العلوم أو التاريخ أو علوم الكمبيوتر ، وهكذا !

أحب أولا موضوع ....

أحب ثانيا موضوع: ....

وثالثا موضوع: ....

مطبوعات الموسوعة العربية الأمريكية
ودار الكاتب العربي للنشر في المهجر
ضمن مشروع معهد إحياء التراث العربي في المهجر

Arab American Encyclopedia-USA
And Hasan Yahya Publications

الدكتور حسن عبدالقادر يحيى

نبذة عن الدكتور يحيى

ولد الدكتور حسن عبدالقادر يحيى في مجدل يابا من أعمال يافا – فلسطين عام 1944. تلقى علومه الابتدائية في مدرسة بديا الأميرية في الضفة الغربية أيام احتوائها ضمن المملكة الأردنية الهاشمية وتخرج في جامعة بيروت حاملاً الإجازة في اللغة العربية وآدابها، ودبلوم التأهيل التربوي من كلية القديس يوسف بلبنان، ودبلوم الدراسات العليا (الماجستير) ودكتوراة في الإدارة التربوية من جامعة ولاية ميشيغان بالولايات المتحدة عام 1988، وشهادة الدكتوراه في علم الاجتماع المقارن من الجامعة نفسها عام 1991. عمل في التدريس والصحافة الأدبية. أديب وشاعر وقاص، منصرف إلى الكتابة في علوم كثيرة تخص علمي النفس والاجتماع والتنمية البشرية ، ألف ونشر العديد من المقالات (1000 +) والكتب باللغتين العربية والإنجليزية (أكثر من 280 كتابا) ، منها ست مجموعات قصصية وست كتب للأطفال ، وأربع دواوين شعرية باللغتين أيضا. وعدد من كتب التراث في الشعر والأدب والأخلاق الإسلامية والتربية والأديان . وهو الآن أستاذ متقاعد في جامعة ولاية ميشيغان. . وكان عضوا سابقا في جمعية العلماء المسلمين في أمريكا . وهو مؤسس الموسوعة العربية الأمريكية في الولايات المتحدة ضمن مشروع إحياء التراث العربي في بلاد المهجرز كما تم ترشيحه مؤخرا ليكون عضو مجلس التحرير لمجلة الدراسات الإنسانية العالمية.

HASAN YAHYA was born at a small village called Majdal-YaFa (Majdal Sadiq) in Mandate Palestine (1944). He migrated as a refugee to Mes-ha, a village east of Kufr Qasim, west of Nablus (in the West Bank), then moved with his family to Zarka, 25 km north of Amman – Jordan. He finished the high school at Zarka Secondary School, 1963. He was appointed as a teacher in the same year. Studied Law first at

Damascus University, then Lebanon University. He moved to Kuwait. Where he got married in 1967. He was working at Kuwait Television, taught at bilingual School, and Kuwait University. In 1982, Hasan left to the United States to continue his education at Michigan State University. He got the Master Degree in 1983, the Ph.D degree in 1988 in Education (Psychology of Administration). In 1991, He obtained his post degree in research, the result was a second Ph.D degree in Social Psychology. He was the only Arab student who enrolled ever to pursue two simultaneous Ph.D programs from Michigan State University .

Professor Yahya employment history began as a supervisor of a joint project to rehabilitate Youth (inmates out of prison) by Michigan State University and Intermediate School Districts. Worked also as a Teacher Assistant and lecturer in the same university. He was offered a position at Lansing Community College as well as Jackson Community College where he was assistant professor, then associate professor, then full professor (1991-2006). He taught Sociology, psychology, education, criminology and research methods. He supervised 19 Master and Ph.D candidates on various personal, economic psychological and social development topics. Professor Yahya published Hundreds of articles and research reports in local, regional, and international journals. His interest covers local, regional and global conflicts. He also authored, translated, edited and published over 200 books in several languages, in almost all fields especial education, sociology and psychology. He also, was a visiting professor at Eastern Michigan University to give Conflict Management courses. Prof. Yahya accepted an offer to join Zayed University Faculty Team in 1998, then he served as the Head of Education and Psychology Department at Ajman University of Science and Technology 2001-04.

Dr. Yahya established several institutes in Diaspora, the Arab American Encyclopedia, Ihyaa al Turath al Arabi Project, (Revival of Arab Heritage in Diaspora. Recently he was nominated for honorary committee member for the Union of Arab and Muslim Writers in America, and accepted to be a board member in International Journal of Humanities Studies. He was affiliated with sociological associations and was a member of the Association of Muslim Social Scientists (AMSS) at USA. Social Activities and Community Participation: Dr. Yahya was a national figure on Diversity and Islamic Issues in the United States, with special attention to Race Relations and Psychology of Assimilation. He was invited as a public speaker to many TV shows and interviews in many countries. His philosophy includes enhancing knowledge to appreciate the others, and to compromise with others in order to live peacefully with others. This philosophy was the backgrounds of his theory, called " Theory C. of Conflict

Management". And developed later to a Science of Cultural Normalization under the title: "Crescentology. The results of such theory will lead to world peace depends on a global Knowledge, Understanding, appreciation, and Compromising (KUAC)" (Revised Feb. 2014)

CV. in Brief

Hasan Yahya is an Arab-Palestinian-American theorist, sociologist, philosopher, writer and historian. He's a former professor of Comparative Sociology and Educational Administration at Michigan State University, Lansing Community and Jackson Community Colleges. He is the Board Editing member at International Humanities Studies (IHS) Journal (Jerusalem-Spain) and several other USA, journals. Dr. Yahya is the originator of Arab American Encyclopedia and Ihyaa al Turath al Arabi fil Mahjar-USA. His (280 plus) publication may be observed on Amazon and Kindle. To reach the writer: Email: askdryahya@yahoo.com

Dr. Yahya Credentials: Ph.D in Comparative Socioloy 1991, Michigan State University. Ph.D in Educational Administration, Michigan State Univ.(1988). M.A Psychology of Schools Conflict Management, Michigan State Univ. 1983. Diploma M.A, Oriental Studies, St. Joseph Univ. Beirut, Lebanon. (1982) B.A Modern and Classical Arab Literature, (1976). Life Achievements: Publishing 260 plus Books and 1000 plus articles.

تقرير إخباري

كشف حساب للمثقفين العرب شبابا وشابات عن مثقف عربي فلسطيني أمريكي في المهجر

لانسنغ: ميشيغان فبراير 20، 2014

نشرت إدارة الموسوعة العربية الأمريكية التي تتعهد مشروع إحياء التراث العربي في المهجر هذا التقرير الإخباري (الثقافي الأدبي والشعري والتراثي) الذي يفتخر بتقديمه أديب عربي فلسطيني أمريكي ، يدعو فيه القراء والقارئات العرب للإطلاع على ما حققه وألفه وأعده وترجمه ونشره لنفسه وللأدباء العرب قديما وحديثا من كتب خلال الخمس سنوات الماضية باللغتين العربية والأنجليزية ويمكن التأكد من هذا التقرير خلال التثبت من القائمة على موقع أمازون وكندل ، والجدير بالذكر أن الدكتور حسن يحيى (Hasan Yahya) ، متقاعد أويمكن القول أنه شبه مقعد ، حيث يعيش بكبد غيره ، بعد أن من الله عليه بالشفاء بعد نقل الكبد الجديد ، ويعتبر الأديب العربي الفلسطيني نموذجا للشباب العربي في بلاد المهاجر - بلاد الحرية والفكر والسحر ، وهو ممن يؤمنون بالعربية لغة مقدسة ، والتراث العربي تراثا عالميا يستحق الفهم والنشر ، وممن يقومون بإحياء التراث العربي بهذه اللغة ، لخدمة أبنائنا من الجيلين الثاني والثالث في بلاد الاغتراب . وقد تم ادراج بعض الكتب في مقررات دراسية في المدارس العربية والإسلامية في البلاد الأجنبية . كما تم الحصول عليها عن طريق أسواق أمازون حول العالم (أوروبا بريطانيا وأستراليا والأمريكيتين وآسيا عدا بلاد الصين وأفريقيا والدول العربية وروسيا) ، والجدير بالذكر أن الدكتور يحيى يقوم بدعم الشباب والشابات العرب في عملية تبني نشر أعمالهم مجانا وعلى حسابه الخاص ضمن مشروعه الرائد لخدمة الأدباء الشباب: (أنشر كتابك مجانا .....) وقد تم نشر العديد من هذه الكتب المبينة في القائمة أدناه .

وهذه الكتب مفصلة حسب المجالات الأدبية والتربوية والأدبية والشعرية والدينية والفلسفية وسلاسل شعراء وشاعرات العرب وكتب التراث العربي المجيد من مؤلفات الأدباء العرب القدامى والمعاصرين .

ويسر الموسوعة العربية التي أسسها الدكتور العبقري لخدمة إحياء التراث العربي في المهجر أن يقدم الشكر للقراء والقراء والآباء والأمهات والتربويين العرب الذين يساهمون باستغلال هذه الكتب وتقديمها هدايا لمن يحبون من أصدقاء وأقارب وأحبة ، والكتب مفصلة كما يلي:

كتب قصص للأطفال	14 كتابا
قصص أدبية قصيرة	20 كتابا
كتب أدبية وبلاغية	18 كتابا
كتب أشعار للمؤلف ومن الأدب العربي	15 كتابا
كتب اجتماعية ونفسية وإدارية وتربوية	17 كتابا
كتب دينية وفلسفية	11 كتابا
مسرحيات مؤلفة ومترجمة	5 كتب
سلسلة إحياء التراث العربي	29 كتابا
كتب من التراث العربي والإسلامي للأدباء العرب	40 كتابا
سلسلة شعراء العرب	14 كتب
سلسلة شاعرات العرب	7 كتب
سلسلة كتب ابن سينا عن القانون في الطب	7 كتب
سلسلة شخصيات إسلامية	7 كتب

وبتفصيل الكتب أكثر تفصيلا حسب المواضيع أعلاه وهي موجودة على أمازون ومواقع الموسوعة العربية الأمريكية والدكتور يحيى :

قصص للأطفال للمؤلف:

1. أغاني رياض الأطفال – للأطفال
2. الطفلة المثالية – كتاب أطفال
3. حكايات وأغاني للأطفال20/20
4. سلسلة بلادي العربية – أصل الحضارة (للأطفال)
5. معروف الإسكافي وقصص أخرى من ألف ليلة وليلة
6. قصص أطفال: أبو صير وأبو قير
7. قصص أطفال: عبدالله البري وعبدالله البحري
8. رحلات السندباد البحري في ألف ليلة وليلة
9. حكاية معروف الإسكافي :الحكاية الأخير من 1001 ليلة
10. قصص أطفال: الحصان السحري
11. قصص أطفال على ألسنة الحيوانات
12. الأمير والتنين : قصة للأطفال
13. الأصدقاء الأربعة : قصة للاطفال
14. ست الحبايب أمي : قصة باللغتين للأطفال

قصص قصيرة :

15. ثمان وعشرون قصة قصيرة بالعربية
16. خمس وخمسون قصة قصيرة للأطفال
17. عشر قصص عربية
18. العربية فن : لغير الناطقين بالعربية .
19. زوجة السلطان -مجموعة قصصية
20. زوجات للبيع – قصص ومقالات

21. أفضل القصص :ثلاثون قصة عربية قصيرة
22. فن أدبي جديد قصص قصيرة جدا : 55 كلمة فقط – باللغتين
23. سبعون قصة عربية قصيرة جدا بالعربية
24. عصافير الجنة: قصة إنسانية قصيرة
25. عربي في أمريكا – مجموعة قصصية
26. قصة الغزال الطائر : قصة قصيرة
27. الدليل القاطع: قصة بوليسية قصيرة
28. دهاء امرأة: قصة بوليسية بالعربية
29. كيد الرجال : رواية قصيرة بالعربية
30. لعنة الذكاء : رواية قصيرة بالعربية
31. مادلين أوهارا : قصة قصيرة بالعربية
32. الجريمة الكاملة : قصة قصيرة بالعربية
33. ثمن الثروة : قصة قصيرة بالعربية
34. الإحتلال وقصص أخرى – مترجمة من الإدب العالمي

كتب أدبية وبلاغية

35. علامات الحب وعشاق الغرام
36. سر من قرأ: للترويح عن النفس
37. محاسن لابسات البراقع من الرأس إلى القدم
38. بديع الكلام في مدح خير الأنام
39. الفؤاد واللسان في الغزل وهوى الخلان
40. لا تلمني .... فالحب أعمى (حول شعر الغزل)
41. الأمثال عند العرب : نثرا وشعرا
42. عشق الفؤاد عند العباد :أشعار غزلية
43. بسمات وآهات العاشقين
44. الغناء والموسيقى في الإسلام
45. قصيدة المتنبي في رثاء جدته
46. صويحبات عمر بن أبي ربيعة
47. اللؤلؤ والمرجان في حدائق الزمان
48. نوادر أشعب وأبودلامة والطفيليين
49. الكرماء والبخلاء
50. لسان العرب في مسارب الأدب (الإنشاء والرسائل)
51. مروج الذهب في الحكمة والأدب عند العرب

كتب أشعار من الأدب العربي :

52. حسن يحيى : ديوان : كبري عقلك : أغاني للكبار
53. حسن يحيى : ديوان بحر الأماني – شعر
54. حسن يحيى : ديوان القدر – شعر
55. حسن يحيى : ديوان لولاك – شعر
56. ألفين بيت من الشعر العربي
57. مضاربات الشعر العربي والمعلقات –أكثر من 3000 بيت
58. عشرة آلاف بيت من عيون الشعر العربي
59. من عيون الشعر الأندلسي: أشعار عربية

60. ابن زيدون: شاعر الأندلس
61. شعر الوصف في بلاد الأندلس
62. رياحين الموشحات الأندلسية
63. رباعيات الخيام بالعربية

كتب عن الشعراء العشاق :

64. العشاق المجانين: مجنون ليلي
65. العشاق المجانين : ليلى الأخيلية
66. العشاق المجانين: عروة وعفراء

كتب إجتماعية وإدارية:

67. مناهج البحث العلمي في العلوم الاجتماعية
68. أضواء على الفكر الغربي
69. علم الإجتماع التطبيقي
70. نظرية سي القمرية والطبيعة البشرية
71. مقالات في التنميةالإجتماعية
72. أسس الإدارة ونظرياتها
73. الأسرة العربية في مهب الريح
74. قصص إجتماعية : حكايات من أمريكا
75. نظرية المؤامرة والعالم العربي
76. صراع الماء والسكان في الشرق الأوسط والعالم

كتب علم نفس :

77. كتاب في علم النفس: الوعي واللاوعي والسعادة
78. قياسات الذكاء بالعربية
79. حالات علاجية لغير القادرين
80. مقالات في علم النفس
81. الوعي واللاوعي

كتب تربوية تعليمية:

82. مهارات المعلم وإدارة الفصل – جزء أول
83. مهارات المعلم وإدارة الفصل – جزء ثان

كتب دينية :

84. باب الإيمان في الصحيحين البخاري ومسلم
85. محمد (ص) رسول البشرية
86. قرآن كريم :تفسير سورة يس باللغتين Qur'an Karim: Tafseer Surat - Yasin
87. قرآن كريم: تفسير الجلالين : سورة البقرة
88. كتاب الطهارة في صحيح مسلم
89. قرآن كريم: تفسير سورة الكهف : شريف سيد قطب
90. تفسير سورة الكهف : يوسف القرضاوي
91. التعاليم الأخلاقية العربية والإسلامية – باللغتين
92. الإسلام ومصالح البشر

93. موجز التاريخ الإسلامي
94. اللهم فاشهد – مقالات فلسفية

مسرحيات مؤلفة ومترجمة :

95. مسرحية : الدخيل، بالعربية مترجمة عن الإنجليزية
96. مسرحية الدخيل، بالصينية مترجمة عن الإنجليزية
97. مسرحية الدخيل بالإسبانية ، مترجمة عن الإنجليزية
98. مسرحيات وقصص / الشرط الثالث
99. مسرحية : الثورة نحن وأنا . بالعربية
100. مسرحية اليانصيب: مترجمة لتشيكوف

سلسلة إحياء التراث العربي :

101. ابن رشد وعلم النفس
102. ابن رشد : فصل المقال
103. ابن رشد : كتاب القياس
104. ابن رشد : تلخيص الخطابة
105. ابن رشد : شرح البرهان
106. طوق الحمامة (الحب في الأندلس) لابن حزم الأندلسي
107. قصة التوابع والزوابع لابن شهيد الأندلسي
108. حي بن يقظان لإبن طفيل
109. رسالة الغفران لأبي العلاء المعري
110. كتاب كليلة ودمنة لابن المقفع
111. مقامات بديع الزمان الهمذاني الخمسين بالعربية
112. مقامات الحريري الخمسين بالعربية
113. مقامات الزمخشري (47 مقامة)
114. الأغاني للأصفهاني- الجزء الأول
115. الأغاني للأصفهاني – الجزء الثاني
116. الأغاني للأصفهاني – الجزء الثالث
117. الإمتاع والمؤانسة لأبي حيان التوحيدي – الجزء الأول
118. الإمتاع والمؤانسة لأبي حيان التوحيدي – الجزء الثاني
119. فارس الشهباء: عنترة بن شداد العبسي
120. موجز رسائل إخوان الصفا
121. رسائل إخوان الصفا الرياضية التعليمية - 14
122. رسائل إخوان الصفا النفسانية العقلية -10
123. قصص عربية قصيرة من الإدب العربي المعاصر .
124. الغريض في التراث الغنائي العربي
125. شخصيات إسلامية : الخليفة عمر بن عبدالعزيز
126. شخصيات إسلامية : أبو ذر الغفاري
127. موجز رسائل إخوان الصفا
128. رسالة العشق من رسائل إخوان الصفا
129. الأمثال في شعر المتنبي
130. رسالة المقريزي في الكيمياء والفيزياء
131. شاعر النيل حافظ إبراهيم

سلسلة شاعرات العرب:

132. شاعرات العرب : فدوى طوقان :شاعرة من فلسطين
133. شاعرات العرب: نازك الملائكة : شاعرة من العراق
134. شاعرات العرب : ولادة بنت المستكفي
135. شاعرات العرب: رابعة العدوية
136. شاعرات العرب : غادة السمان
137. شاعرات العرب: سعاد الصباح
138. شاعرات العرب قي الأندلس

سلسلة شعراء العرب:

139. شعراء العرب : أدونيس
140. شعراء العرب: حافظ إبراهيم
141. شعراء العرب: أبو القاسم الشابي
142. شعراء العرب: امرؤ القيس (الملك الضليل)
143. شعراء العرب: بشار بن برد
144. شعراء العرب: المتنبي
145. شعراء العرب : أبو العلاء المعري
146. شعراء العرب : نزار قباني
147. شعراء العرب: عبدالرحمن الأبنودي
148. شعراء العرب: محمود درويش من فلسطين
149. شعراء العرب: زهير بن أبي سلمى
150. شعراء العرب : عبدالوهاب البياتي
151. شعراء العرب : الجواهري

سلسلة كتب ابن سينا عن القانون في الطب (سبعة كتب)

152. مناهج البحث العلمي غند ابن سينا
153. ابن سينا وعلم النفس
154. خصائص المنهج العلمي عند ابن سينا
155. تأثير ابن سينا في الغرب
156. الأمراض وأسبابها لابن سينا
157. القانون في الطب لابن سينا : موضوع العظام
158. علاج الأوردة والشرايين عند ابن سينا

كتب من التراث العربي والإسلامي للأدباء العرب من نشر الموسوعة العربية الأمريكية – حسن يحيى:

سلسلة شخصيات إسلامية :

159. شخصيات إسلامية : صلاح الدين الأيوبي
160. شخصيات إسلامية : خالد بن الوليد
161. شخصيات إسلامية: أبو بكر الرازي
162. شخصيات إسلامية: : طارق بن زياد
163. شخصيات إسلامية : محمد الفاتح
164. شخصيات إسلامية : الطبري

165. شخصيات إسلامية : محمد بن القاسم

كتب أدبية عربية :

166. قصص قصيرة من الأدب العربي المعاصر بالعربية
167. نبضات الحب: الضباب السخي: رواية للكاتبة الجزائرية : سمراء العيدي
168. الديك المغرور : قصة للأطفال : سمراء العيدي
169. نسنوسة الأرنوبة : قصة للأطفال : سمراء العيدي
170. ثلاث مسرحيات مصرية: محمد عبدالله ربيعي
171. العريف حسن: ديوان شعر شعبي عن مصر: محمد عبدالله الربيعي
172. هرولة فوق صقيع توليدو : رواية : ماري رشو
173. أوراق حلم: قصص قصيرة : ماري رشو
174. الحب أولا: قصص قصيرة : ماري رشو
175. رجال في الشمس: رواية لغسان كنفاني
176. حرائق امرأة : رواية بالعربية ماري رشو
177. الشبيهة: رواية عربية ماري رشو
178. وفاء عزيز أوغلي: عزف على أوتار قلب : قصص قصيرة
179. هكذا ولدت مريم : رواية لهناء كرم سابا
180. تحت عباءة أبي العلاء : مقالات لنجيب سرور من مصر
181. غادة السمان: كوابيس بيروت – نثر أدبي
182. العجوز والبيدر : قصص قصيرة لعبدالرحمن الأقرع من فلسطين
183. أحلام مستغانمي: عابر سرير : رواية بالعربية
184. أحلام مستغانمي: فوضى الحواس : رواية بالعربية
185. أحلام مستغانمي: الجسد روياة بالعربية
186. طبائع الاستبداد للشيخ عبدالرحمن لكواكبي
187. إثنان وخمسون مقالا لأنيس منصور/1
188. خمسون مقالا لأنيس منصور/ 2
189. مقالات لأنيس منصور/ 3 .
190. صدام حسين : رواية أخرج منها يا ملعون
191. زبيبة والملك: رواية لصدام حسين
192. السأم الباريسي ترجمة أشغار بودلير لمحمد الإحسايني
193. أرض البرتقال الحزين لغسان كنفاني
194. الطوفان الأزرق : رواية من الخيال العلمي : أحمد عبدالسلام البقالي
195. البعد الخامس: رواية من الخيال العلمي: طالب عمران
196. القصيدة الخمرية لابن الفارض (باللغتين)
197. شموع ودموع عن النظرات للمنفلوطي
198. العبرات لمصطفى المنفلوطي
199. موجز البلاغة للشيخ الطاهر بن عاشور
200. رواية الدفلى للأديبة العربية ماري رشو
201. رواية هبة للأديبة العربية : هناء كرم سابا
202. رواية في مهب الريح للأديب الأردني : تيسير دبابنة
203. الهجرة السرية: قصص قصيرة بالعربية : محمد محمد البقاش
204. قصص قصيرة من الأدب العربي المعاصر بالعربية

205. الفراشات والغيلان: رواية عز الدين الجلاوجي
206. الغواصون السبعة : محمد محيي الدين مينو
207. عش الدبابير : رواية: جميل السلحوت من فلسطين
208. نارين : رواية بالعربية – يحيى الصوفي

أما الكتب الانجليزية وعددها يفوق الثمانين كتابا في شتى مجالات الأدب والعلوم والفلسفة ، فهي مفصلة كما يلي

Dr. Yahya Books in English: كتب الدكتور يحيى باللغة الإنجليزية:

209. *Hammurabi Codes of Law*
210. *The Dangers of the GMS and Conflict Management: Research Paper, Slideshow & Presentation*
211. *Moon Flowers: Poems, Tales & Politics*
212. *Poetry Diwan: Love, Fears & Hopes*
213. *Crescentology: A Theory Of Conflict Management And Cultural Normalization*
214. *Crescentologism: The Moon Theory*
215. *Brief Arab & Muslim Ethics: For Non-Arabic Speakers*
216. *The Beast In Me America: Arabic Tales, Stories, & Poetry*
217. *Personality & Stress Management: A New Theory*
218. *Arab Palestinian & Jews: Sociological Aproach*
219. *Legal Adultery: Sexuality & World Cultures*
220. *Crescentologism: The Moon Theory*
221. *Islam: Finds Its Way*
222. *30 Tales From Faraway Land: Middle Eastern*
223. *Brief Islamic History (bilingual)*
224. *Jesus Christ Speaks Arabic*
225. *Fan Adabi Jadid* (bilingual)
226. *Protocols of Zion*: Trilingual : Spanish, English & Arabic
227. *Prophets Saga*: from Adam to Muhammad
228. *Al-Akhlaq al-Islamiyyah* (Bilingual)
229. *Quotes: Love & Humor (*Bilingual)
230. *Jesus is Different* the Prophets History
231. 50 Short Stories (55 words)-Bilingual
232. *The Intruder*: Bilingual
233. *Alisha and Other Stories.*
234. *70 Very Short Stories* (English)
235. *Short Stories from World Literature (Bilingual)*
236. *65 stories for Children 3-12* , (English)
237. *Occupation and Other Stories* from World Literature –English
238. *85 Fables & Tales for Children 3 to 12* (English)
239. *Naji al-Ali Art Show.* A Palestinian Artist *Ann Mary Thatcher*
240. *Princess Imagination:* A New Design Novel (English)
241. *Al-Hariri Assemblies* (Maqamat al-Hariri (English)

242. *Water, Population and Conflict in the Middle East.*
243. *Princess Diana Still Alive, A New Novel Design.*
244. *Nietzsche On Christianity*
245. *Bertrand Russell: Roads to Freedom*
246. *Ernest Hemingway suicide Story*
247. *Brief Management: Theories & Applications.*
248. *I Have the Right to be Angry*
249. *FBI Madness Storm , One Act Play*
250. *Nadia: An Innocent Girl from Cairo, Short Story*
251. *Brain and Mind Psychology*
252. *Banning Islam: Petition of Ignorance*
253. *The Wiseman Spirit Still Dancing:Short Story*
254. *The Oldman and the Mower, Short Story*
255. *Al Imam al Bukhari Research Methods*
256. *Secularism: A Response to Sh. Yusuf al Qaradawi*
257. *Family, Leadership & Problem Solving Games*
258. *Knowledge & Globalization*
259. *Islam & Muslims in America: Sociological Analysis*
260. *The Science of Socio-Therapy*
261. *Defending Islam, Banning Islam*
262. *Defeating PTSD Epidemics*
263. *New Theory of the Universe: A Macro Philosophical Approach*
264. *The Concept of Crescentology in Sociology*
265. *The Old Man & the Mower, short Story*
266. *Huda Sha'rawi, An Egyptian Legendary Girl*
267. *Joan of Arc*: The French Legendary Girl
268. *Rosa Park*: African American Legend
269. *Sayf bin Thi Yazan*
270. *Ibn Khaldun in Modern Times*
271. *Research Practice: Doing Research for Beginners & Professionals*
272. *Great Arab and Muslim Thinkers*
273. *Ibn al Farid :The Ode Wine (bilingual)*
274. *Arabs & Columbus: Exploratory Study*
275. *Blasphemy in History*
276. *Khalil Gibran*
277. *Crusades, Terrorism and Islamophobia*
278. *Che Guevara: Irish-Legend*
279. *Great Seven Modern Arab Writers*
280. *Rasa'l Ikhwan al Safa: Omar Farrukh*
281. *Gandhi: Father of India*
282. *Ali bin Abi Talib: The Fourth Caliph*

283. *Wonders of 1001 Nights: The Three Apples Story*
284. *Wonders of 1001 Nights: The Fisherman Story-Soon.*
285. *Wonders of 1001 Nights:The Merchant and the Genie*
286. *Children Imagination: Short Stories from the Middle East*
287. *Nasnoosa: The Rabbit Girl by Algerian woman writer: Samra al Aidi*
288. *God, Was He or She, MOM! Short Story.*
289. *Sittil Habayed Ummi-Qissah lil Atfal Billughatayn.*

www.ingramcontent.com/pod-product-compliance
Lightning Source LLC
Chambersburg PA
CBHW070727180526
45167CB00004B/1647
* 9 7 8 1 4 9 9 6 3 2 7 9 8 *